一起點燈嘍 元宵節

檀傳寶◎主編　李敏◎編著

中華教育

你可知古時候的元宵夜是怎樣的？大街小巷，張燈結彩，人們
在火樹銀花的美景裏吃元宵、賞花燈、猜燈謎⋯⋯
真的好熱鬧！讓我們一起去看看吧！

目錄

燈謎一

月亮下的狂歡

「大紅燈籠高高掛」，燈籠在中國象徵着喜慶，每逢喜事，人們總會點起燈籠，以燈籠紅色的火光向人們傳遞喜訊。因此，每當看到燈籠裏搖曳的火光，暖意便會瞬間流進我們的心田。我們大多見過一排排燈籠，可是否見過「十萬人家火燭光，門門開處見紅妝」的場景？

古代人們月下狂歡的元宵夜，那一段美好的時光，值得我們細細品味……

月亮時間

元宵夜的美好時光，從一輪圓圓的月亮升上天空就開始了……

每月農曆十五前後，是月亮最圓、最亮的時候。

許多中國傳統節日都定在月圓之日。

人們對月亮充滿了想像，寄託了無限的希望。

所以，我們在正月十五鬧花燈。

所以，我們在八月十五吃月餅。

在古人的觀念中，月亮
與生命的誕生有着十分密切
的關係。月亮有一種獨特的
陰柔魅力，它深深地吸引着
含蓄、婉約又充滿詩意的中
國人。

　　自古以來，我們就有着
月亮崇拜的傳統。我們愛親
近月亮，「月亮走，我也走，
我幫月亮提花簍」……

月光暢想曲

如此美麗的月色，如何不讓人流連？

如此明亮的月兒，如何才能擁抱它？

讓我們走進美麗的月夜，一起唱一首溫柔的小曲，光着腳丫，追逐螢火蟲……

月光下，一起來狂歡如何？

月光寶盒裏藏着許多祕密：藍色的寶盒裏裝着你的登月計劃，紅色的寶盒裏是你喜歡的寶貝，綠色的寶盒裏裝着你要送給好朋友的禮物，紫色的寶盒裏裝着你的夢想……你希望和大家分享這些祕密嗎？一起狂歡起來吧！

5

「狂歡節」的道具

　　趕快出來吧，元宵夜的狂歡大劇即將拉開序幕！

　　我們的狂歡節不像歐洲狂歡節上，人們扭動腰肢、穿着華麗的衣服和設計奇形怪狀的造型，而是有原汁原味的中國道具。想起它們的身影了嗎？它們是迷人的月亮、可口的元宵、紅紅的燈籠，俗稱「三圓寶」。這圓嘟嘟的「三圓寶」，一樣也不能少！

　　中國許多傳統節日都期盼着和家人團聚，元宵節時人們也會在月夜張燈結彩，一家人吆喝着挑燈出遊。

- - - ● 元宵節如此有「圓」 ● - - - - - - - -

　　中國人很喜歡「圓」！喜慶的日子要團圓，出色完成任務是圓滿，功成名就叫圓夢……

　　這不，元宵節裏處處是圓圓的狂歡道具！

面具又稱假面，它凝聚了歷史、宗教、藝術及民俗等多種元素。在遠古時期面具多用於一些儀式活動中；在現代社會，面具的藝術性、娛樂性功能逐漸增強。如今，在中國、日本、印度以及美洲、非洲等地仍傳承着各種各樣的面具文化。

面具下我們是平等的！

◀森巴舞是巴西狂歡節的重頭戲，跳舞的人身着奇裝異服，爭芳鬥豔。
他們邊跳邊唱，展現着動與靜的瞬間變化，伴隨着劇烈的腰肢舞動，
不斷製造出驚喜與震撼，具有極強的感染力。

「狂歡」一詞用在節日上，最引人注目的不是中國的元宵節，而要追溯到歐洲國家的狂歡節。

許多國家都有自己的狂歡節，但歐美地區的狂歡節尤其具有代表性。大部分國家的狂歡節都定在 2 月中下旬，在時間上與我國的元宵節相近。

相傳，歐洲的狂歡節起源於古代的農神節。在每年的冬去春來之際，人們聚在一起載歌載舞，歡慶即將開始的新一年農事活動。

在許多國家的狂歡節，人們流行戴面具。面具暫時遮蔽了貴賤尊卑，再加上誇張或濃豔的妝容為大家營造出一個神祕而充滿歡樂的世界。

我是湯圓娃娃

　　在國外狂歡節，人們喜愛製作各種面具，我們也有此嗜好。不過，改頭換面的不是你，也不是我。看，湯圓娃娃來了……

▲團團圓圓，開開心心。

搖元宵、搓湯圓

元宵、湯圓，其實是兩回事。

元宵和湯圓都是用糯米粉做皮，而且都有餡，因此容易使人混淆。但它們的製作方式和大小還是有很大不同的：按照傳統的做法，元宵是用竹篩「搖」出來的，湯圓是用雙手「搓」出來的；對比大小，元宵較大，湯圓較小。

北方人愛吃的元宵，是先將餡做好揉成圓球狀後，放入鋪滿糯米粉的竹篩裏不停搖晃，使糯米粉均勻黏附在餡表面，反覆滾動而成的。人們需要一定的腰力才能將元宵滾得漂亮，製作過程比較費力，這也就是俗稱的「搖元宵」。

南方流行的湯圓，是把餡放到糯米皮裏包起來，搓圓而成。湯圓越軟糯越好。想像力豐富的孩子，還可以把湯圓搓成各種形狀。誰說這不是一種創造呢！

燈謎二

一起去賞燈

幾乎全國的人都在同一時間
出門，會是怎樣一種景象？
他們要去做甚麼？

一起來看花燈嘍……
聽過歌曲《看花燈》嗎？

正月裏格來看呀看花燈，
咚鏘隆咚鏘看的甚麼燈？
正月看花燈呀看的鯉魚燈。
鯉魚閃一閃，
跳呀跳龍門，咚咚鏘。
正月裏格來看呀看花燈，
咚鏘隆咚鏘看的甚麼燈？
正月看花燈呀看的獅子燈。
獅子搖一搖，
真呀真威風，咚咚鏘。
正月裏格來看呀看花燈，
咚鏘隆咚鏘看的甚麼燈？
正月看花燈呀看的梅花燈。
梅花點點頭；
報呀報新春，咚咚鏘。

正月十五夜燈

［唐］張祜
千門開鎖萬燈明，
正月中旬動帝京。
三百內人連袖舞，
一時天上著詞聲。

有個宮女叫「元宵」

在眾多的中國傳統節日中，元宵節顯得有些「另類」，因為它的許多節日活動主要是在夜間進行的。這在習慣「日出而作，日入而息」的古代農耕時代頗為少見。有一個美麗的民間傳說，可能與這有關。

漢武帝時期，有一個名叫元宵的宮女，她特別思念父母，但又無法離開戒備森嚴的皇宮。足智多謀的東方朔有意成全她，便在皇宮內外散佈謠言：「天上的火神君要派天將火燒長安，唯一的保全之計就是讓宮廷內的人一律外出躲避，同時，要在滿城高掛紅燈，就像燃燒的火海，以瞞過在天

司馬光夫人想逛燈會

平日夜晚，女子皆要守在家中。

元宵夜，司馬光的夫人精心打扮準備出門賞燈。

上觀望的火神君。」漢武帝採納了這個建議。正值正月十五的夜晚，長安城內，滿城皆燈。外出躲避的元宵當然也就趁機與家人團聚了。從此以後，每年這一天便有了燃燈的習俗，這也許是元宵節鬧夜的由來。

　　元宵節，燈火烘托出濃重的節日氣氛；

　　元宵節，月亮靜靜俯視人間的片片燈火；

　　元宵節，看花燈、猜燈謎，遊人如織，夜色因此沸騰了。

保守的司馬光阻止道：「家中點燈，何必出去看？」

夫人回答：「兼欲看遊人。」司馬光卻說：「某（我）是鬼耶？」

古代便有「情人節」

在元宵夜，男女老少都可以走上街頭自由玩耍，少了很多交往的限制。所以，元宵節又被視為古代男女青年的「情人節」。

「眾裏尋他千百度。驀然回首，那人卻在燈火闌珊處。」

古代中國有着森嚴的宵禁制度，百姓在夜晚是禁止出行的。從漢代開始，還專門設有「執金吾」的官職，負責管理夜間秩序。

深更半夜不回家歇息，他們在做甚麼？

「其夜禁之法，一更三點，鐘聲絕，禁人行；五更三點，鐘聲動，聽人行。」（《元史‧兵志四》）

宵禁在隋唐時期開始鬆動，尤其在正月十五，人們有夜晚外出的自由。

我收到一根蔥！

我這棵白菜好大呀！

在台灣，還有許多未婚女性會在元宵夜偷摘蔥或菜，以此期盼能嫁得好夫婿。

貴州的苗族有一個偷菜節，也定在每年的農曆正月十五。節日當天，姑娘們成羣結隊去偷別人家的菜，被偷的人家不會責怪她們。據說誰偷的菜最多，誰就能早得意中人。

元宵節點燈的由來

古代的人只能借助自然的光源安排生產和生活。人們不甘心沉寂在黑暗中，於是在一年中的幾個特定月圓之日，燃起了燈火，把黑夜點亮。這燦爛的夜晚一半是借着天上的月光，一半是人們燃起的滿城燈火所共同形成的。

元宵節點燈的習俗源遠流長。

元宵放燈的習俗始於漢代明帝「燃燈表佛」，後來逐漸由宮廷流傳至民間，並在各朝代相沿成俗。

漢代興起了崇奉三元（上元節、中元節、下元節）的風俗。正月十五是「上元一品九氣天官紫微大帝」唐堯降生之日，要放天燈，祈求賜福。主要的祈福儀式在皇城內舉行。

到了隋代的元宵節，許多民間藝人會在皇城之外舉行盛大

的「百戲」，歡度元宵。元宵節的絢爛燈火由皇城之內照向皇城之外。這一風俗一直延續到唐宋，平時宵禁的京城也會在元宵節前後允許百姓徹夜狂歡。

到了明清時期，鬧元宵的習俗更是深入民間。元宵節前後，可見長長的燈市販賣各式花燈。民間還興起了「走橋」「摸釘」「跳白索」等活動。至此，元宵節正式從宮廷走向了民間，成為中國古代老百姓的一個隆重節日並流傳至今。

只許州官放火，不許百姓點燈

北宋時，有個州的太守名叫田登，他非常專制蠻橫。因為他的名字裏有個「登」字，所以不許州內的百姓說任何與「登」同音的字。他命令只要是與「登」字同音的，都要用其他字來代替。

一年一度的元宵佳節即將到來。依照以往的慣例，州城裏都要放三天焰火、點三天花燈表示慶祝。為了不與「登」字同音，州府衙門的公告只好把「燈」字改成「火」字。這樣，告示上就寫成「本州依例放火三日」。

從此，就有了「只許州官放火，不許百姓點燈」的說法，它用來比喻只許自己任意妄為，不許他人有正當的權利。

誰點着了冰燈

　　對於營造節日氣氛來說，燈彩有很好的視覺效果，它與春節的爆竹有異曲同工之妙。從宮燈的端莊、典雅到民間花燈的濃郁生活氣息，中國的燈彩文化源遠流長。

漢代：皇宮深院點花燈

　　在漢代，元宵燃燈的活動還僅僅限於皇宮庭院。當時的燃燈習俗大多與中國的祭祀傳統有關。漢武帝就曾在元宵節祭祀太一神，燈火徹夜不熄。

隋唐：萬民同樂

　　隋文帝統一天下後，混亂的政局暫時得到安定，社會逐漸繁榮，元宵節也成了一年一度狂歡的日子。

　　大業六年（610年）元宵節，隋煬帝又增加了「百戲」助興。民間藝人被召集到洛陽城外表演技藝，以招待來朝的各族首領。

宋代：
煙火與燈謎

北宋時，猜燈謎活動的興起，使得元宵節的活動更加豐富。

燈謎就是將謎語寫在花燈上，讓人一邊賞燈，一邊猜謎。

清代：冰燈與冰雕

清代，滿族從北方引進了冰燈，成了元宵節的又一新特色。冰燈是北方特有的民間藝術，製作工藝分為冷凍和冰雕兩種方式。

冷凍製法是將水倒入模具，放在室外凍成冰塊即可。

冰雕製法則適用於製作大型的冰燈。先將冰塊砌成想要的形狀，再用斧、鋸、鏟等工具將其精細雕琢成各種花鳥動物、建築的式樣。冰雕作品晶瑩剔透、玲瓏可愛。

燈謎三

大鬧繽紛燈會

你有沒有想過在燈會上有恐龍出沒？或是進入一個走進去卻很難走出來的燈籠陣？或是看見一條大龍在你面前噴火？……

想到這些，你熱血沸騰了嗎？快來一起大鬧繽紛燈會吧！

花燈名片

花燈名片 1：自貢燈會

自貢燈會薈萃了中國燈文化的風采，贏得了「天下第一燈」的讚譽。

如果晚上的自貢恐龍燈會還未讓你過足癮，告訴你一個小祕密：你還可以白天去著名的自貢恐龍國家地質公園尋找恐龍的蹤跡！

▼自貢國際恐龍燈會

花燈名片 2：九曲黃河燈會

你見過九曲黃河燈會嗎？它的陣勢像不像迷宮？參觀的人就是衝着這九曲九折來的。人們從入口進，順利地通過連環陣，離開出口，就意味着一年順順當當，平平安安。

九曲黃河燈會至今已有 600 多年的歷史。九曲黃河燈的陣式，按《周易》九宮八卦之方位，以富貴不斷頭傳統圖案九曲佈置而成。陣內九宮分別為乾、坎、艮、震、巽、離、坤、兌八宮和中宮，象徵中華九州。

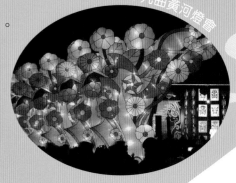
▼九曲黃河燈會

花燈名片 3：銅梁龍燈會

你見過噴火的龍嗎？快來參加重慶銅梁龍燈會吧！

這裏的龍燈有十種之多，最著名的是火龍與大蠕龍。火龍是能釋放焰火的龍；大蠕龍身長體圓，內置燈火，舞動靈活，栩栩如生。燈會期間，各式舞龍隊伍浩浩蕩蕩，穿街而過，五光十色，極為壯觀。

▲重慶銅梁龍燈會

花燈名片 4：哈爾濱冰燈節

前面，我們已經知道歷史上的冰燈是大清「出土」的，不過今天的冰燈可要奇幻很多。

哈爾濱冰燈節，每年都會有各種冰燈、冰雕交相輝映，有冰龍燈、冰獅子燈、冰花燈、冰孔雀燈、冰塔燈、冰城燈等，來觀賞的遊人不計其數，成為享譽中外的冰凌奇觀。

▲哈爾濱冰燈節

花燈名片 5：秦淮燈會

　　秦淮燈會源遠流長，享有「秦淮燈彩甲天下」之美譽，秦淮河「燈船」聞名遐邇。燈會期間，遊人如海，萬燈齊明，好一派熱鬧景象！

　　快來看燈的海洋！

快來看看《紅樓夢》第十八回是怎麼描述精彩花燈的。

元春省親恰逢正月十五上元之日。

「只見清流一帶，勢如游龍，兩邊石欄上，皆係水晶玻璃各色風燈，點的如銀花雪朗；上面柳杏諸樹雖無花葉，然皆用通草綢綾紙絹依勢作成，黏於枝上，每一株懸燈數盞；更兼池中荷荇

鳧鷺之屬，亦皆係螺蚌羽毛之類作就的。諸燈上下爭輝，真係玻璃世界，珠寶乾坤。船上亦係各種精緻盆景諸燈，珠簾繡幕，桂楫蘭橈，自不必說。」

燈謎猜一猜

　　燈謎啟迪著人的智慧。人們對燈謎興趣濃厚，花燈會上許多人躍躍欲試，他們一個個伸長脖子，用最快的速度瀏覽謎面，希望自己成為最快猜出謎底的幸運者。

　　下面猜中國城市名的燈謎任務，就交給你啦！（每個燈謎只有1分鐘思考時間哦！）

謎面：

誇誇其談

船出長江口

兩個胖子

雙喜臨門

大家都笑你

重慶
合肥
上海
南京
南昌（上海、南京、合肥、重慶、無錫）
謎底：

造謎──拆謎──解謎

1. 筆畫法造燈謎──根據漢字的筆畫或偏旁部首作巧妙的提示。

2. 象形法造燈謎──根據漢字的形態奇思妙想，出奇制勝。

3. 會意法造燈謎──根據漢字的表面意義作另類的引申或聯想。

4. 拆字法造燈謎──根據漢字筆畫的增減離合來設計。

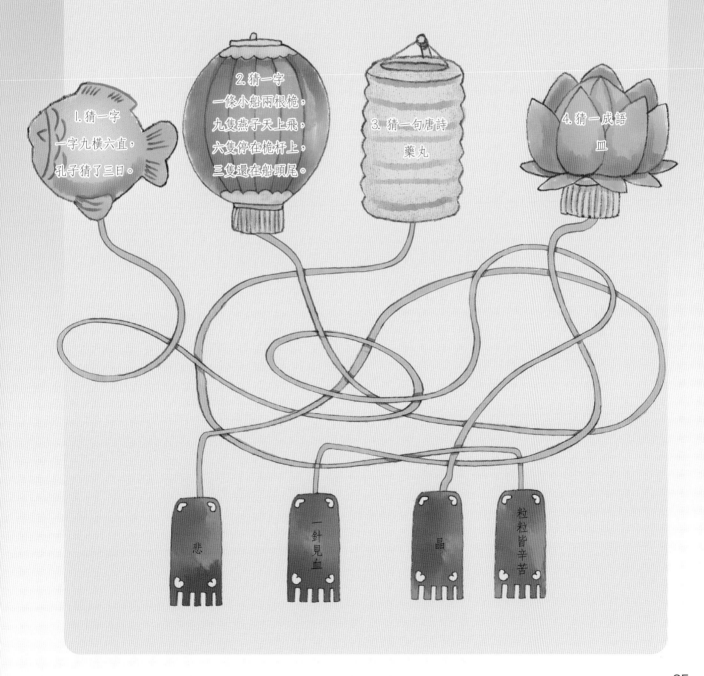

1. 猜一字
一字九橫六直，
孔子猜了三日。

2. 猜一字
一條小船兩根桅，
九隻燕子天上飛，
六隻停在桅杆上，
三隻還在船頭尾。

3. 猜一句唐詩
藥丸

4. 猜一成語
皿

悲

一針見血

晶

粒粒皆辛苦

寶島觀光節

　　台灣地區元宵燈俗之多，景況之熱鬧程度可以和祖國大陸任何地區爭奇鬥豔。每年正月初十以後，台灣民間就拉開了燈節的大幕，家家戶戶忙於製燈、買燈、掛燈。

　　1978 年，台灣將元宵節定為「觀光節」。從 1992 年起，每年在台北舉行三天的大型花燈展，名為「台北燈會」。台北燈會有許多傳統民俗，像攻炮台、夜弄土地公、廟會花燈等民俗活動每年都會吸引許多民眾參與。

　　台灣是我國著名的竹子產區，燈籠多以竹子為主料。台灣的燈籠藝術不僅在於竹編造型，更在於它繪製的圖案充滿了中國傳統文化元素，常常繪有福、祿、壽三星，八仙過海的人物圖像，或者是寓意吉祥的奇花異卉、飛禽走獸。

　　台灣同胞特別喜愛在元宵節的夜晚放飛孔明燈。孔明燈是一種紙紮的燈籠，內置浸油的燈芯。點燃後，產生熱氣，燈便冉冉升起。人們以放飛孔明燈來祈求平安和幸福。

快來看，台南縣一年一度的鹽水蜂炮啟動啦！

直升機載着長串的鞭炮升空，儘管人們被蜂炮炸得直跳，仍盡興狂歡。更常見到的蜂炮是由許多沖天炮組成的大型發炮台，點燃時萬炮齊發，有如蜂群傾巢而出。鹽水蜂炮最大的特色是重現鹽水古炮街，16 座古式炮台，讓今人體驗早年元宵盛況。

「乞龜」是台灣澎湖每年元宵節的傳統祈福活動。民眾摸龜祈求厄運遠離，一家平安。從 2007 年開始，台灣澎湖和大陸泉州兩地的天后宮便聯合在泉州天后宮舉行「乞龜祈福」活動。

猜猜這隻大烏龜是甚麼做的？

大米龜由 2000 包大米堆成，重達 1 萬公斤。龜頭高達 1 米，龜背高達 1.5 米，龜身長 7 米、寬 5 米。

走馬燈裏的記憶

「數量不等的小燈和蠟燭雜陳其中，燈光照得人馬圖像美輪美奐，而煙霧將生命和靈氣賦予燈中的人物走獸。其設計之精巧，描畫之細膩，使您眼前彷彿出現了一個多姿多彩的小世界。」17 世紀中葉，一位名叫 G.D. 馬加爾亨斯的耶穌會傳教士在這段文字中所描述的，就是中國的神燈——走馬燈。

走馬燈，又叫作「馬騎燈」「動畫燈」，它既是傳統燈籠的經典之作，又是孩子們喜聞樂見的一種節日玩具。

這是一盞很神奇的燈哦！當燈裏點上蠟燭，燭火使周圍空氣受熱，形成上升氣流，氣流推動輪軸旋轉。輪軸上有剪紙，燭光將剪紙的影子投射在燈面上，剪紙上的圖像便跟着旋轉起來了。

為甚麼叫作走馬燈呢？因為許多人喜歡在花燈的各個側面上繪製古代武將騎馬的圖畫。當花燈轉動時，看起來就好像幾個騎馬的將軍你追我趕一樣。

所以，你在走馬燈裏真的能看到「馬匹」哦！

▲走馬燈又叫「動畫燈」

下列哪幅圖是左圖走馬燈真正的影子？

◀走馬燈

①

28

学而时习之，不亦
说乎？有朋自远方
来，不亦乐乎？人
不知而不愠，不亦
君子乎？
——《論語》

花燈能表達最美好的東西

　　今天人們在製作走馬燈時，加入了許多現代元素。但也有保留傳統的，像國學花燈，製作者將國學經典《大學》《中庸》《論語》《孟子》中的部分內容繪製在花燈上，讓走馬燈煥發出國學光輝。

天命之謂性，率
性之謂道，修道
之謂教。
——《中庸》

大學之道，在明
明德，在親民，
在止於至善。
——《大學》

馬燈找影子

③
④

君子之所以教者五：
有如時雨化之者，有
成德者，有達財者，
有答問者，有私淑艾
者。此五者，君子之
所以教也。
——《孟子》

「開燈」和「收燈」

相傳，古時的私塾多半正月十五稍後開學。

開學當天，由學生準備好精巧的燈籠，帶到私塾，由老師替他點燃，象徵前途光明，稱為「開燈」。

元宵節結束，與家人一同將燈籠整理好收起來，預示春節的收尾，人們也即將開始新的工作和生活，稱為「收燈」。

讓我們在元宵節這美好的夜晚盡情狂歡！

▲開燈

▲收燈

▲挑燈狂歡

元宵節後，燈去哪兒了？

　　每年，全國各地的元宵燈會結束後，被拆卸下來的花燈將由政府委託的花燈製作單位統一回收保管。為了環保和節約，燈會上拆解下來的鐵架和電線也會入庫保管，在來年的燈會上再利用。

32

▲各種時間交疊相錯

▼各種時間相對獨立

▲以某一種時間
為核心

我的家在中國・節日之旅 ⑥

一起
點燈嘍 | 元宵節

檀傳寶◎主編　李敏◎編著

責任編輯：余雲嬌
裝幀設計：龐雅美
排　版：時　潔
印　務：劉漢舉

出版 / 中華教育

香港北角英皇道 499 號北角工業大廈 1 樓 B
電話：（852）2137 2338
傳真：（852）2713 8202
電子郵件：info@chunghwabook.com.hk
網址：https://www.chunghwabook.com.hk/

發行 / 香港聯合書刊物流有限公司

香港新界荃灣德士古道 220-248 號
荃灣工業中心 16 樓
電話：（852）2150 2100
傳真：（852）2407 3062
電子郵件：info@suplogistics.com.hk

印刷 / 美雅印刷製本有限公司

香港觀塘榮業街 6 號
海濱工業大廈 4 樓 A 室

版次 / 2021 年 3 月第 1 版第 1 次印刷
©2021 中華教育

規格 / 16 開（265 mm x 210 mm）

本書繁體中文版本由廣東教育出版社有限公司授權中華書局（香港）有限公司在香港特別行政區獨家出版、
發行。